广东农业技术服务"轻骑兵"实用技术丛书

中小型猪场复养技术

广东省农业技术推广中心 ◎ 组织编写

广东科技出版社
全国优秀出版社

· 广 州 ·

图书在版编目（CIP）数据

中小型猪场复养技术 / 广东省农业技术推广中心组织编写. —广州：广东科技出版社，2023.6

（广东农业技术服务"轻骑兵"实用技术丛书）

ISBN 978-7-5359-8016-8

Ⅰ.①中… Ⅱ.①广… Ⅲ.①养猪场—经营管理 Ⅳ.①S828

中国版本图书馆CIP数据核字（2022）第220255号

中小型猪场复养技术
Zhong-xiaoxing Zhuchang Fuyang Jishu

出 版 人：严奉强
项目策划：区燕宜
责任编辑：区燕宜　谢绮彤
封面设计：柳国雄
责任校对：曾乐慧　李云柯
责任印制：彭海波
出版发行：广东科技出版社
　　　　　（广州市环市东路水荫路11号　邮政编码：510075）
销售热线：020-37607413
https://www.gdstp.com.cn
E-mail：gdkjbw@nfcb.com.cn
经　　销：广东新华发行集团股份有限公司
排　　版：创溢文化
印　　刷：广州市彩源印刷有限公司
　　　　　（广州市黄埔区百合三路8号　邮政编码：510700）
规　　格：889 mm×1 194 mm　1/32　印张2.25　字数50千
版　　次：2023年6月第1版
　　　　　2023年6月第1次印刷
定　　价：18.00元

如发现因印装质量问题影响阅读，请与广东科技出版社印制室联系调换（电话：020-37607272）。

广东农业技术服务"轻骑兵"实用技术丛书（畜牧篇）指导委员会

主　　任：林　绿
副 主 任：刘胜敏　陈永志　罗国武　张海发
委　　员：陈迎丰　曹长仁　谢水华　刘建营
　　　　　樊福好　李品红　李　亮

《中小型猪场复养技术》
编写委员会

主　　编：谢灯养　四会市动物疫病诊断服务中心
　　　　　聂文安　四会市农业农村局
　　　　　贺湘仁　广东省农业技术推广中心
副 主 编：邓志坚　广东正大康生物科技股份有限公司
　　　　　黄光强　肇庆市畜牧良种示范推广中心
编写人员：樊福好　广东省农业技术推广中心
　　　　　李　亮　广东省农业技术推广中心
　　　　　刘剑平　肇庆市畜牧良种示范推广中心
　　　　　贺南航　广州博江生物科技有限公司
　　　　　刘芮祎　广州博江生物科技有限公司

主编简介

谢灯养,执业兽医师。有丰富的猪场生产管理、猪病临床诊断和防控经验。2006年,创办了四会市养猪协会,指导会员做好猪场防疫和生产。曾担任四会市第九届、第十届、第十一届政协委员。2011—2014年被佛山科学技术学院生命科学学院特聘为客座教授,2012年获得"四会市先进科技工作者"称号,2020—2021年作为农村科技特派员派驻四会市江谷镇,2022年当选为农村乡土专家。

聂文安,兽医师。一直在畜牧兽医、饲料等企业从事动物疾病防治、动物营养配方研究、动物疾病售后服务工作,积累了大量的实践经验。现主要从事畜牧兽医管理、重大动物疫病预防控制等工作。

贺湘仁,广东省农业技术推广中心大亚湾基地综合部部长,主要从事养猪生产技术研究及推广工作。

前　言

非洲猪瘟，于1921年在肯尼亚首次被发现，在全球已流行了近百年。它是一种高度接触性、急性、出血性、烈性传染病，其特点为发病急、死亡率高，我国把它列为一类传染病。它的潜伏期为3~20天。到目前为止，还没有有效的疫苗和有效的治疗药物，主要靠严密的生物安全措施来防控。一旦发生，则只有采取严厉的全群扑杀深埋措施。2018年前，非洲猪瘟对我们来说是一个古老而陌生的猪传染病，都以为它离我们很遥远。2018年8月，噩梦来临，我国辽宁省首次证实发生非洲猪瘟疫情。短短不到一年时间，疫情蔓延到全国各地，整个养猪业受到了重创，疫情的快速蔓延对非洲猪瘟的防控和后续的净化工作带来了很大挑战。要想短时间内（5~10年）把这个病在中国清除、净化，难度极大。

我国是世界养猪大国，也是猪肉消费大国。可谓猪粮安天下，国家将猪肉价格纳入CPI指数（消费者物价指数），可见其重要性。非洲猪瘟在我国发生后，国家和各地政府出台了一系列非洲猪瘟疫情后的复养政策，以恢复生猪生产，保供给，稳定猪肉价格，确保满足市民正常的猪肉需求。经过2年多的时间，我们不断地与病毒对抗，虽然总结了一些防控非洲猪瘟的心得，但中小型猪场在这个行业里退出速度仍然很快，散户退出速度更惊人，散户占比从原来的52%下降到17%（广东公布的数据）。中小型猪场的人员对

非洲猪瘟认识不足，没有从根本上改变以往的养猪观念、思维和方法，仍然用过往固有的思维方法去复养，没有建设严密的生物安全体系，没有严格的洗消措施，甚至硬件上不做任何改造或者仅稍微改造，生物安全漏洞较多，因此复养很难成功。相当一部分人屡复养屡失败，这就是缺乏有效的防控非洲猪瘟措施所致。中小型猪场虽然在生产设施、财力、物力、融资渠道等方面都无法与集团公司、上市公司相比，但其人员配备少，易于管理，执行力更强，没有管理费用、财务费用分摊，综合成本与集团公司、上市公司差不多，甚至要比集团公司、上市公司更有优势，生产成绩可能会更好，各环节管理更到位、更细致，成活率更高。中小型猪场的存在，解决了很多人的就业问题，也成为很多家庭的经济支柱，因此中小型猪场的成功复养，不仅社会效益显著，对社会的稳定也有着重要意义。

本书共有七个章节，围绕中小型猪场非洲猪瘟防控与复养的关键技术展开，主要分为中小型猪场复养前的风险评估，复养前的猪场、猪舍改造和引种前的准备工作，人员管理和物资管理，中小型猪场的日常生产管理，粪污处理和病死猪的处理，出猪台和出猪管理，防控应急预案和措施。

本书具有较强的针对性、实用性和易读性，可为中小型猪场管理人员、农户、相关技术人员提供实际操作指导。限于编者水平，书中难免存在错漏，敬请专家和读者批评指正。

编　者
2023年3月

目录

第一章　中小型猪场复养前的风险评估 / 001
　一、猪场周边环境的要求 / 002
　二、配备人员的要求和培训工作 / 004

第二章　复养前的猪场、猪舍改造和引种前的准备工作 / 007
　一、猪场外围和猪舍外环境的改造 / 008
　二、水源改造 / 010
　三、各阶段的猪舍改造 / 012
　四、引种前的准备工作 / 024

第三章　人员管理和物资管理 / 027
　一、人员管理 / 028
　二、物资管理 / 029

第四章　中小型猪场的日常生产管理 / 033
　一、后备母猪的挑选和管理 / 035
　二、经产母猪的管理 / 036
　三、哺乳仔猪的管理 / 038
　四、保育舍小猪的管理 / 039
　五、育肥猪的管理 / 040
　六、各环节的转群操作规程 / 041

　　七、疫苗免疫接种规程 / 042
　　八、猪场的消毒措施 / 043
　　九、除四害工作 / 044

第五章　粪污处理和病死猪的处理 / 047
　　一、粪污处理 / 048
　　二、病死猪的处理 / 049

第六章　出猪台和出猪管理 / 051
　　一、出猪台的管理 / 052
　　二、出猪管理 / 055

第七章　防控应急预案和措施 / 057
　　一、员工培训 / 058
　　二、感染非洲猪瘟时的处理方法 / 059

第一章
中小型猪场复养前的风险评估

俗话说，我们不能打没有准备的仗。猪场复养前我们必须要对猪场各种硬件设施和综合因素进行风险评估，判断是否适宜复养，以确保复养成功。如果不做风险评估，匆忙或盲目复养，可能面临巨大的疫病风险，得不偿失，甚至可能背负沉重的债务。

一、猪场周边环境的要求

1. 远离其他猪场

未来3～5年甚至更长一段时间，非洲猪瘟病毒在中国很难清除，也就是常态化，也意味着仍会有猪场"中招"。按现在的情况来看，若局部地区的生产密度上来了，就有可能发生非洲猪瘟疫情。因此，猪场选址必须远离其他猪场，距离至少2千米。如果猪场间距离过近，一旦一个猪场发生非洲猪瘟疫情，昆虫、鼠类有可能成为机械传播的媒介，把非洲猪瘟传到其他猪场，导致其他猪场发生非洲猪瘟疫情。

2. 远离屠宰场和冷库

屠宰场和冷库的猪流动频繁，没有严格的洗消措施，人员缺少防疫意识，鼠害较严重，是非洲猪瘟病毒隐藏的高风险地区。一些不法分子把病猪屠宰上市，或者是急宰以后放冷库保存，危害极大。猪场应距离这些高风险地区至少5千米，离它们越远越好。

3. 远离集市和大型超市

集市和大型超市是销售猪肉的地方，不具备严格的洗消条件，可能没有严格执行相关要求，一些不法分子可能会利用这些渠道漏洞销售非洲猪瘟急宰病猪肉和从冷库出来的病猪肉。我们为了避免猪场被非洲猪瘟病毒波及，必须远离这些地方，至少3千米。

4. 远离主干道和村庄

主干道是指国道、省道、县道，因为这些道路车辆通行比较繁忙，经常有生猪运输车辆经过，况且有些路况不一定很好，可能灰尘滚滚，对防控非洲猪瘟的工作很不利。因此，要远离它至少2千米。村庄，作为人居聚集地，村民在生活中或多或少会买猪肉及其制品回来食用。如果村庄没有雨污分离，排水沟为明沟，老鼠、苍蝇等可以接触泔水及洗刷水，较容易把非洲猪瘟病毒带到猪场。另外，猪场离村庄过近，环保问题可能引起村民的投诉，猪场可能会收到政府下达的限期整改通知书，或直接关闭。

5. 猪场选址要求

广东天气高温高湿，雨水较多，猪场不适宜建在低洼地带，以防内涝而引起水浸。猪场建在低洼地带对防控非洲猪瘟和猪场的其他防疫工作很不利。就算水浸后不发生非洲猪瘟，也有可能发生其他传染病，甚至人畜共患病。

二、配备人员的要求和培训工作

非洲猪瘟在我国发生后,养猪业发生了翻天覆地的变化。生物安全措施缺乏、疏于管理、防控措施执行不到位的中小型猪场几乎都受到重创。如何使猪场复养成功是目前急需解决的问题。中小型猪场硬件条件一般不是很好,人员配备不多。要想复养取得成功,我们必须重视员工入职前的培训工作,招聘的员工必须具备吃苦耐劳的精神,要耐得住寂寞、有责任心、有一定的猪群状况观察能力,要充分认识生物安全的重要性,要一丝不苟地执行严格有效的生物安全措施。猪场员工要思想统一、服从指挥,除了做好日常猪场的生产管理工作外,还要严格执行、落实有关的规章制度。

为了达到以上要求,我们必须对员工进行统一的培训。他们除了参与猪场的日常工作外,还要成为有关制度执行的监督员,要求员工勤洗手、不留长指甲、不留长头发、不要频繁休假,不得让无关人员进入猪场,包括办公区、生活区。不得让无关车辆进入猪场,这点很容易忽略,也很重要。

1. **休假制度**

(1) 休假期间避免接触集贸市场、大型超市的食品专区。

(2) 休假在家期间,家里避免外购猪肉及其制品。

（3）每次回猪场必须更换衣物和鞋，经淋浴后换成猪场内的衣服方可进入。在生活区隔离48小时以上，随身物品除了手机外，任何物品包括钱包不得带入猪场。手机带入前必须经过消毒，隔离期间不得进入生产区域。

2. 防疫制度和操作规程

参加培训的每位员工都要明白生物安全的必要性和重要性，谨记场内的防疫制度和操作规程，严格执行。工作期间不能离开猪场范围，以免把外面的病毒带入场内。没有特殊情况，不要与猪直接接触，更不得进入栏内。如必须进入栏内时，要洗手、换鞋。工作期间必须更换衣物后方可进入生产区域，任何情况下严禁从生活区直接进入生产区域和猪舍。工作期间必须严格执行进入每栋猪舍前换鞋、洗手的规定，避免不必要的串舍行动。不得已要串舍时，要严格执行相关规定。

3. 预警制度和处理预案的培训

要求每位员工时刻都牢记防疫规定，思想上不能松懈，每天都要巡查、观察猪群状况，发现异常及时上报。指导员工如何巡栏和观察猪群状况，及时发现非洲猪瘟可疑病例。每天巡查猪群状况的时间：喂料后1小时内，此时容易发现可疑情况。非洲猪瘟可疑病例的临床特征：体温升高至40~42℃，嗜睡，厌食，独居一角，部分病例皮肤潮红；对喂料无反应，反应迟缓，用抗生素混合退烧药注射后体温可能下降为正常体温，但仍不吃料，表现为有拱料行

为,但并未进食,这就是所谓的拱料不吃;个别猪注射部位的针孔会流血不止。

进行处理预案的培训,一旦确诊,立即执行处理预案。处理预案规定:划定处理线路,处理前和处理后都必须对处理的线路撒石灰粉或干粉消毒药;参与处理的人员准备好处理完毕后需要更换的衣物、鞋,其他员工不得从预定线路上行走;参与处理的人员处理完毕不得直接返回宿舍,必须经过淋浴后方可返回;全场进入静止状态,除了每天的喂料,不得做任何其他操作,包括配种、疫苗接种等工作,必须严格执行。

有可能的话最好能全员持股,这样的话大家在思想上能够扭成一股绳,使员工更加团结,执行力更到位,生产积极性更高,经济效益自然就上来了。

第二章

复养前的猪场、猪舍改造和引种前的准备工作

非洲猪瘟发生后,整个养猪行业变化很大。为了完善严格的生物安全体系,这个行业变成了重技术、高投入的行业。目前,大部分中小型猪场的猪舍结构都是开放式结构,这不利于防疫和阻断疫情传播,也不利于猪的生长。在广东地区,夏季高温高湿,冬季寒冷,猪消耗大量热能,生长速度缓慢,耗料增加。这种情况下,中小型猪场如果想要将猪舍改造成完全封闭式猪舍,几乎要重建,需要投入大量的资金、人力、物力,对于中小型猪场来说,很难实施,也不现实。我们要结合实际,在原来的基础上进行改造,对现有设施进一步完善。

一、猪场外围和猪舍外环境的改造

1. 设立围墙

设立围墙可以防止外来鼠类及其他动物进入场内,防止它们把病毒带进来。围墙边不得有杂草和树木。围墙可以用砖砌成,围墙高1米左右,要保证墙面光滑或设光滑的防爬带40厘米左右,也可以贴瓷砖,其优点是耐用,缺点是施工速度较慢,且成本较高。瓷砖可选择陶瓷厂的次品,或者各陶瓷销售网点的断码货,这样采购回来的瓷砖都比较便宜。常用方法是用铁皮围蔽,用铁皮围蔽必须把铁皮埋入地下10~20厘米,并用混凝土封好,不合格的围蔽容易导致鼠类进入场内（图1）。其优点是比较省钱，同时施工速度也较快。缺点是由于腐蚀不耐用，使用寿命可能不够长。

图1 不合格的围蔽

2. 清除杂草

猪舍周围要清除杂草，最好能全部硬底化，这样做的话，老鼠和其他虫类就很难有藏匿之地，更重要的是可以更好、更彻底地开展对周围环境的清洁、消毒工作，不容易积水。

3. 雨污分离

猪场最好没有外露的明沟，全部为暗沟。如果为明沟，可以用瓷砖或者用水泥板盖严实。每隔一段距离设置松动可打开的地方，便于发生堵塞时处理。这样可以有效预防蚊虫滋生，降低疫病传播的风险。另外，集粪池也要用水泥板盖严实。

4. 深埋病死猪处撒生石灰

深埋病死猪的地方要定期撒一定厚度的生石灰，最好将其地面硬底化，防止鼠类打洞进入。否则，危害可能很大。

二、水源改造

中小型猪场一般使用的都是地表水，如溪水，这些水源不仅杂质多、不卫生，而且很容易被非洲猪瘟病毒污染。不重视水源的话就很难预防非洲猪瘟进入猪场，因此我们必须对现有的水源进行改造，改造成用地下水，有条件的话最好能用自来水。不论是用地下水还是自来水，我们都要用可以滤过非洲猪瘟病毒的过滤器（能滤过0.01微米物质的过滤器）过滤后，水源才进入蓄水池，供养猪场使用（图2、图3）。同时，蓄水池的顶部要用胶板或者铁皮盖好，防止其他动物进入或进入后死亡，或者鸟类飞过时鸟粪掉进蓄水池，增加被污染的风险（图4）。

图2 过滤器

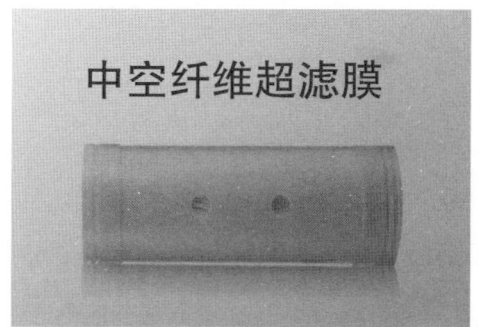

图3 过滤器滤芯

图4 密封蓄水池顶部

三、各阶段的猪舍改造

每栋猪舍必须设计独立的洗涤盘和台面,用于放置常用的药物和注射器械等,还有用来煮沸、消毒注射器械的电饭煲或烧开水用的水壶,并装上合适的电源插座。每栋猪舍门口必须设置固定的消毒池,用于员工每天工作出入时鞋底消毒。

中小型猪场多数为开放式猪舍。顶部多为盖瓦或铁皮、石棉瓦结构,这种结构夏天酷热,只能在屋顶和栏内安装喷头喷水,或增加冲栏的次数来对猪群进行降温。舍内湿度很大,一旦发生疫病,传播很快。冬天保温效果差,猪群易发生呼吸道疾病,也影响其生长速度。猪生长在这样的环境,不仅影响其生长速度,对非洲猪瘟的防控也很不利,所以我们必须在现有设施的基础上加以改造,降低非洲猪瘟病毒进入的风险,确保猪场的生产安全(图5)。

图5 猪舍改造中

1. 配种怀孕舍的改造

中小型猪场的配种怀孕舍（简称：配怀舍），常见的是开放式单栏通槽结构，冬天用卷帘保温，母猪之间紧密接触，中间通道较窄，宽80厘米左右。母猪较为集中，工作方便、易管理。如感染非洲猪瘟，病毒很容易通过气溶胶传播。非洲猪瘟在我国发生后，这种模式明显的缺陷就是一旦非洲猪瘟发生，舍内传播速度快，定点清除也就是说"拔牙"难度大，很多时候是整栋清除。所以我们把保温用的两边的卷帘塑料薄膜或者帆布固定、封好（如用砖砌实墙的话会增加很多成本），使配怀舍成为相对封闭式猪舍。封闭后要注意猪舍内的采光度，可在瓦面上用透光瓦或者透明塑料瓦代替部分瓦片，增加室内采光。猪舍的一边装上风机，另一边装上水帘，另外在猪舍的金字架下方,用塑料薄膜做简单的吊顶用于隔热,但一定要用木条或者竹条固定、压实(图6)。如不做以上处理,负压抽风时很容易造成塑料薄膜下坠甚至破裂,舍内降温的效果就会大打折扣。同时在风机和水帘的外面要装纱网,防止蚊虫进入(图7、图8)。

图6 竹条加固吊顶的塑料薄膜

图7　安装了防蚊网的风机

图8　安装了防蚊网的水帘

配怀舍中的猪栏改造是把大部分单栏拆除,仅留部分作为母猪怀孕后期攻胎用,改为实墙小单栏(图9、图10)。每栏的空间可饲喂3~5头母猪。最好能同时做限喂格,以防同栏母猪采食不均匀,影响胎儿发育。具体办法是把拆下来的单栏作为实墙用的钢筋,用建筑模板穿孔,用螺杆两边固定,直接灌注混凝土,厚度70~80厘米,高度1.1米左右。若实墙过矮,相邻的母猪可以攀爬、嘴对嘴接触。实墙小单栏近墙边塑料薄膜那边,用拆除的单栏固定栏边,以防母猪攀爬拱破塑料薄膜。灌注混凝土后要用振动棒震动,以免墙身有气泡或有沙眼,避免日后使用时被消毒药或粪尿侵蚀,影响使用寿命,24小时后即可拆除模板,重复使用。每次灌注后及时清除掉到地上的少量混凝土,以免变干后增加清除工作难度。留作母猪攻胎用的单栏必须把通水槽改为小通槽。每隔3~5个单栏用砖把通水槽隔断,也就是说每3~5头母猪共用一个水槽。小通槽之间留1~2个空栏作为隔离带,并在空栏处做一条小水沟,方便小通槽的排水和清洁。这样改造,母猪有足够的运动量,肢蹄病少,产程短、难产少,猪栏使用年限长。特别是后备母猪怀孕后混养,运动量够,体况好、体能储备足,难产少,不容易产生二胎综合征。改造后猪舍阻断条件好,一旦非洲猪瘟入侵,定点清除容易,效果好,损失少。

图9 改造中的配怀舍

另一种方法是全部单栏不拆除,把通水槽全部毁掉,每个单栏安装独立的饮水器,每5个单栏左右空1~2个单栏作为隔离带,这样的改造简单、快捷。但其缺点也很明显,因为每头母猪用独立的饮水器,很容易因母猪饮水或玩水而引起水花飞溅,导致猪舍湿度大。母猪经常睡在潮湿的地板，对健康不利，一旦非洲猪瘟入侵，定点清除难度大，效果差，最终可能是整栋清除。

还有一种方法是不做任何改动，将通水槽每隔5个单栏左右用砖隔断，然后留1~2个单栏作为隔离带。在空栏处做一条小水沟用于局部通槽排水和清洁。这样改造最简单，地板也比较干爽，不会潮湿，成本最低。但一旦非洲猪瘟入侵，定点清除难度大，因为母猪面对面相隔仅80厘米左右，非洲猪瘟容易通过气溶胶近距离传播。同时，处理过程中病猪很容易在走廊与其他母猪接触，处理难度很大，因此定点清除成功率不高。

图10　改造后的配怀舍

2. 产房的改造

产房的工作是最复杂的,包括临产母猪的转入、母猪的产仔、仔猪接产、断奶、滴鼻、剪牙、剪尾、阉割、寄养、仔猪的转群等,但每个产栏是独立的,相对隔离条件比较好,需要改造的地方不多。每个产房改成相对封闭式,就是用木条压实猪舍两边的塑料薄膜,钉好。舍内用塑料薄膜吊顶,用钢筋或竹子压实,做法如配怀舍。产栏之间,用胶板隔断,避免两栏之间的仔猪接触。同时产栏加高至70厘米左右,防止个别仔猪跳栏。每个产房均设置常规药物、注射器械等的存放台或者架子,并装上电源、插座,方便注射器械的清洗、消毒,也避免产房间相互使用工具而可能导致交叉感染。

3. 保育舍的改造

保育舍多为高床结构,小猪接触不到粪尿,但栏与栏之间基本上都是以铁栏杆相隔,互相之间可以接触,一旦感染非洲猪瘟,传播速度很快(图11)。所以我们一定要把它改成隔离条件较好的实墙小单元(图12、图13)。首先,每个保育舍都改成封闭式猪舍。改造方法同配怀舍、产房的操作。猪栏改造的一种方法是直接用胶板将栏与栏之间封住,但必须要80厘米左右的高度,太矮可能会导致猪互相攀爬而接触,这样改造简单、快速,但可能容易损坏,维修成本高。另外一种方法是用螺杆把模板固定于铁栏杆两边,空间宽度留6厘米左右,直接灌注混凝土做成实墙。灌注好立即用振动棒震动,以防出现沙眼或气泡,影响使用年限,24小时即可拆除模板，重复使用。猪栏靠近通道的一边最好也用同样方法处理，这样整个保育舍的隔离条件会更好。

图11　改造前的保育舍

图12　改造中的保育舍

图13 改造后的保育舍

4. 育肥舍的改造

育肥舍的猪个体都较大,在猪舍改造时,我们要考虑这一点。中小型猪场的育肥舍多为用水管焊成的铁栏杆结构,部分是实墙,但高度不够,一般在80厘米左右。另外,育肥舍多数是2个栏共用一个料斗,在预防非洲猪瘟的要求下,这种结构的猪舍不太实用,一旦感染非洲猪瘟,传播速度很快,很难定点清除。屋顶结构基本上是盖瓦或铁皮、石棉瓦,这种结构隔热差、降温效果不好,也要用像其他猪舍一样的办法改成封闭式。装上负压水帘降温系统。栏与栏之间的改造,每隔2个栏用螺杆把模板固定于铁栏杆两边,模板间隔8厘米,灌注混凝土做成实墙。用振动棒震动,防止出现气

泡或沙眼,高度1.1米,24小时拆除模板,重复使用。每次灌注后及时清除掉在地上的混凝土。如果猪栏是实墙结构,每隔两栏的墙用砖加高至1.1米左右。栏间隔墙高度不够,栏与栏之间的猪可能互相攀爬而直接接触,一旦感染非洲猪瘟,会为定点清除带来困难(图14至图17)。

图14 栏间隔墙高度不足,栏间猪互相接触

图15 改造前的育肥舍

图16 改造中的育肥舍

图17　改造后的育肥舍

四、引种前的准备工作

猪舍外环境和猪舍内环境全部改造完毕,并不意味着就可以引种了。我们还要做好以下工作,才能入猪,这些准备工作很重要。这是关乎复养能否成功的重要一环,因此我们不得马虎,要认真落实,否则种猪一旦入场,就有可能再次感染非洲猪瘟。

(1)对订好的种猪场的种猪采样送检,检测非洲猪瘟病毒。

(2)更换全场所有饮水器,对蓄水池进行一次大清洁、消毒。猪场原有的饮水器有可能带病毒，因此我们有必要全部更换。

（3）对水线、猪栏、粪沟、猪舍环境采样送检，检测非洲猪瘟病毒。这项工作最好交给专业公司负责完成。

（4）对全场的周边环境、道路和各猪舍内进行一次全面的冲洗、消毒，隔1周左右重复1次。

（5）再次对猪栏、粪沟、猪舍环境采样送检，检测非洲猪瘟病毒，检测结果全部为阴性后封场，严禁任何无关人员进入。

（6）准备好经备案的运输车辆。运猪前必须经过严格的洗消、烘干，采样检测非洲猪瘟病毒，检测结果为阴性方可装猪。

（7）种猪到场前，要把进猪台及其通道、入猪的猪舍进行全面消毒。

（8）准备好经过消毒的赶猪工具，同时准备好抗应激的功能性添加剂，在种猪进场后加入水中让其饮用，以减少猪经运输进场后的应激反应。

第三章
人员管理和物资管理

非洲猪瘟背景下，猪场的生物安全至关重要，它关乎猪场的生死存亡，在生物安全体系中，人员管理和物资管理最为重要。很多时候猪场发生非洲猪瘟，是个别有关人员入场前某些环节重视不够、工作疏忽或物资入场前不经过任何处理、消毒，直接进入猪场所致。

一、人员管理

不论是外围工作人员还是生产一线工作人员，都不要频繁休假。人员与外界接触多，非洲猪瘟病毒被带入的风险就大。在猪场的入口处和生活区进入生产区之间，必须设置淋浴更衣室。凡是进入猪场范围内的人员都要经过淋浴、更换衣物才可以进入。

1. 人员管理要点

（1）任何人除了手机外，私人物品一律不能带入办公室和生产区，手机带入前必须消毒，用乙醇消毒液擦拭后方可带入。

（2）任何车辆都不得进入办公室、生活区域。

（3）外来人员一律不得进入猪场。

（4）外部管理人员一律不能进入生产区域，更不得进入猪舍。

（5）生产一线人员每次休假回来在生活区隔离48小时后方可进入生产区。

（6）任何人休假回家，尽量避免到农贸市场和大型超市的肉食专卖区域。因为这些地方都是生物安全高风险场所。

（7）休假期间劝告家里人尽量避免购买猪肉和猪肉制品。

2. 生产一线人员管理要点

生产一线人员进出生产区必须更换衣物，还要遵守以下规章制度。

（1）没有特殊情况不得串舍。

（2）进入每栋猪舍前都要洗手、换鞋。

（3）没有特殊情况不要与猪接触。

（4）每次卖猪必须一次性把猪赶出猪舍外，不得反复进出猪舍。

（5）每次卖猪后必须对猪舍走道、出猪台全面冲洗、消毒。

（6）每次卖猪后，参加人员不能再进入猪舍，人员在淋浴间更换衣物、淋浴后下班，并把更换的衣物放在消毒水中浸泡。

二、物 资 管 理

1. 生产物资

生产物资一般包括饲料、疫苗、兽药，以及生产用的各类消耗品，如扫把、输精管等。除了饲料以外，其他生产物品原则上3~6

个月采购一次，以减少与外界接触的机会。

（1）中小型猪场多数用的是颗粒料，采购间隔时间尽可能长一些，15天左右采购一次。卸料前必须对运输车辆进行消毒，卸货期间司机不得下车，卸完货后对场地进行冲洗、消毒，饲料在仓库存放3天左右才可以喂猪。

（2）如自配料，建议原料存放时间不要太长，毕竟原料的水分含量较高，特别是玉米，容易霉变。在春、夏季节，每次采购的量最好不要超过20天。每次运输车到达时要对车辆进行消毒，卸货期间司机不得下车，卸完货后要对场地进行清洗、消毒。

（3）部分中小型猪场是采用自动投料系统的，其优点是杜绝了猪场人员与外界运输车辆直接接触的机会，对防疫有利，同时也减轻了生产工人的工作量。但我们要注意做好料塔的防晒、隔热措施。否则饲料在料塔中很容易因高温（有时候塔内温度甚至高达100℃）丧失营养成分，也容易结块，时间久了容易发霉，对猪的生长和健康不利。

（4）疫苗，每3～6个月采购一次。进入猪场前要把外包装拆除，同时用消毒药浸泡或擦拭，及时放入冰箱按规定的温度保存，以免影响效果。

（5）药物，每3～6个月采购一次，尽量整箱采购，方便进场前消毒，并在仓库存放15天左右再使用。部分小量采购的药物也要经过消毒。

（6）生产用的各种消耗品、生活用品，每3～6个月采购一次，经消毒后在仓库存放15天左右再使用。

2. 饭堂用品和食材

饭堂的伙食是否可口，也是能否留住工人的重要一环。食材的采购环节更关乎猪场的生产安全。稍不注意，很容易在这个环节把非洲猪瘟病毒带进猪场，导致猪场发生非洲猪瘟疫情。因为食材通常都是从集市和超市等地采购，而这些地方恰恰是非洲猪瘟病毒隐藏的高风险场所。

（1）饭堂用的调味品，每3个月采购一次，最好是整箱采购，方便消毒。

（2）米、米粉、面、面粉等，每2个月左右采购一次，采购回来存放15天左右再使用。

（3）严禁采购速冻食品，如饺子、汤圆等，因为超市大多将各种速冻食品堆放在同一冰柜，这些地方很容易被非洲猪瘟病毒污染。

（4）严禁采购猪肉制品。猪场可不定期宰杀饲养猪，把猪肉放到冰柜保存、食用。员工休假回家可以顺便带些猪肉回去，休假期间与家人共享。

（5）禽类食材不要到集市采购，不得已时可以到禽类批发市场采购，最好能与附近的专业禽类养殖场或信誉好、有责任心的村民签订合同，由他们代养，按时、按量宰杀后送货上门，代养期间保证不使用违禁品，不能与其他猪场接触或有关联。把禽类的饲养周期适当延长，使口感和风味更好，让猪场的员工吃上放心、可口、美味的食材。

（6）果蔬类食材采购。不要直接到市场和超市采购蔬菜，而是自行到附近专业的蔬菜种植基地采购，不得已时可以到蔬菜批发市场采购。水果类也不要到市场和超市采购，可以到专门销售水果的门店采购，以降低传播风险。条件允许的话，最好在猪场邻近租一块地让员工家属（或饭堂员工）养殖禽类和种植蔬菜。禽类养殖可以与附近的禽类养殖场联系，送临上市的禽类到场饲养。蔬菜种植则按季节采购种子进行种植。如果猪场能自行解决平时的食材供应，则大大减少了猪场对外采购的次数，毕竟每天消耗的食材不少。这样可以最大限度减少与外界接触的机会，大大降低了把非洲猪瘟病毒带入猪场的风险，猪场的生产安全系数也就提高了很多。

第四章
中小型猪场的日常生产管理

非洲猪瘟背景下，养猪变成了高风险行业。经过2年多与病毒的对抗，我们摸索出了一些有效防控非洲猪瘟的经验，养猪产能恢复较快。在这个高风险行业，如何使猪场立于不败之地？除了防住非洲猪瘟外，我们还要搞好猪场的生产管理，让猪场的生产运营达到较高水平，以确保猪场经营利润可观，或者在行情低迷时不亏损或少亏损。如何提高猪场的生产水平？不外乎是提高母猪的分娩率、每头母猪的窝产活仔数、猪场猪群全程的成活率、猪的生长速度和提高饲料报酬。只有生产水平提高了，才能真正做到降本增效，否则一切都是空谈。

为了更好地搞好猪场管理，对种猪我们采取的是根据猪场栏舍容量进行批次化生产。种猪采用批次化生产的好处是：集中配种、集中产仔、集中断奶、集中上市。真正做到全进全出，减少了员工的操作频率和猪群转群的次数，减少了员工与猪直接接触的次数，降低了非洲猪瘟发生的风险。种猪管理在猪场里是头等大事，只有种猪的健康水平高、管理得好，母猪的受胎率才高、窝产活仔数才高。猪场只有受胎率、窝产活仔数2项指标好才有可能有效益，如果这2项指标过低，就算全程100%成活，也很难有效益。

一、后备母猪的挑选和管理

1. 后备母猪的挑选

挑选阴户发育良好，乳房发育良好，有明显的奶线，最好腹部有弧度，雌性特征明显，平背或者稍微凹下去，没有盲乳、副乳头的母猪。如果阴户过小、臀部肌肉发达、腹部紧凑、收腰，则不适宜留作种猪用。现在猪场基本上采取人工授精技术，对种猪的四肢要求不是很严格，没有明显缺陷就行（如四肢过小、系部着地等）。配种月龄要求在7月龄以上，过早配种会影响其窝产活仔数，同时也会增加被淘汰的风险，缩短使用年限。

2. 怀孕期间的管理

后备母猪配种后，最好能多头小群饲养，不要放在固定单栏饲养。单栏饲养，个体发育较慢，体重增加不多，容易出现难产，增加被淘汰的风险。多头小群饲养的好处有体重增加较快、运动量足、体况良好、乳房发育好。多头小群饲养要求分点投料饲喂，避免个体采食不均，影响胎儿发育。临产1个月分开单栏饲养，怀孕的后备母猪产前不适宜攻胎。攻胎会造成胎儿过大可能导致难产，甚至因助产不成功做紧急淘汰处理，损失惨重。

3. 哺乳期的管理

后备母猪产仔后,一定要让其乳房充分发育。因此,每头后备母猪哺乳的仔猪数量应该在10头或10头以上。如果带仔数过少(8头或8头以下),会影响母猪的乳房发育,造成部分乳房萎缩。这样有效哺乳乳头少了,影响日后的带仔。还有很重要的一点是,后备母猪产仔后不能机械地根据哺乳日龄来断奶,而是要根据其体脂消耗程度来决定其断奶时间。也就是说,如果掉膘过快,就算是哺乳时间较短,也要及时把哺乳仔猪赶走,不然因掉膘过多、偏瘦,断奶后很容易引起二胎综合征,也就是说长期不发情。

二、经产母猪的管理

配种1个月内的母猪喂料不要太多,否则会影响胚胎着床。要勤检查,及时把复发情的、空怀的母猪挑出来配种,减少母猪非生产天数,提高母猪的利用率。母猪每天饲料的饲喂量要根据个体情况有所增减。长膘快、易肥的母猪少喂或者适当减料,让它保持合适的体况。偏瘦的母猪适当增加饲喂量。怀孕期间母猪体况如果偏肥,甚至过肥,会影响胎儿的发育,并且后期很难攻胎,攻胎效果不好,容易生下弱小仔猪,以及造成母猪产后奶水不足。过瘦的母猪临床上的表现是腰腹部明显凹下去,俗称葫芦肚,胎儿发育不好，应该加大饲喂量。过瘦的母猪因体脂储存不足，哺乳期很难补充上来，断奶后太瘦导致不容易发情而被淘汰处理，缩短了使用年限。

哺乳期的母猪管理工作重点放在产后1周以内的母猪。应关心其采食情况、恶露排出情况、哺乳情况、乳房的充盈度及是否发生乳腺炎。根据带仔和哺乳情况，饲喂量要有所增减。奶水好、带仔多的母猪要多喂，防止掉膘过快而偏瘦，特别是二胎母猪，其乳房发育仍未完善且要带10头或10头以上的仔猪。二胎母猪断奶时间也要根据其体况变化来灵活掌握，否则很容易断奶后过瘦，长时间不发情。哺乳情况较差的母猪在哺乳期容易偏肥，如果偏肥或者过肥，断奶后配种会影响下一胎的窝产活仔数。

母猪产后子宫感染大多是因助产后处理不当引起的，有些猪场产房的饲养员在每头母猪产仔后，都要用手进行母猪子宫检查，察看是否产仔完成。笔者就曾处理过这样一个猪场，母猪产后感染比例高达30%，就是因为产房员工在母猪产仔过程中，掏仔猪形成了一种习惯，每头母猪产完仔后，都习惯性用手进行猪子宫检查。产后子宫感染的母猪淘汰率非常高，因此，不是特殊情况，建议不要随便助产。需要助产时，我们要做好消毒措施，不使用对黏膜有刺激和损伤的消毒药。助产后应该用输精管向猪的子宫内输入用100毫升生理盐水稀释的大剂量抗生素（如500万单位青霉素、400万单位链霉素）和氯前列烯醇，并且连续3天肌内注射抗生素，帮助其排出恶露和预防产后感染。关注助产母猪的恶露排出情况，及时发现问题并及时处理。

母猪的淘汰制度（符合其中一项）：

（1）复发情2次以上。

（2）窝产活仔数低，8头以下。

（3）产后子宫感染。

（4）长时间不发情。

（5）其他。

三、哺乳仔猪的管理

猪场内猪群全程的成活率在正常情况下取决于产房的仔猪成活率。产房仔猪的成活率高，猪群全程的成活率就高。在产房仔猪的死亡情况中，80%左右集中在出生1周以内。因此，如何细致照顾出生1周内的仔猪，提高其存活率，显得至关重要。我们要给仔猪提供一个温暖舒适的环境，温度低了，仔猪感到冷，就会睡到母猪身边，容易被母猪压死或者踩伤、踩死。应及时接产、擦干出生仔猪身上的黏液，扎好脐带，让其尽快吃到初乳。另外，剪牙、剪尾、补铁、滴鼻，应一次性完成，减少应激反应。

关注母猪产后采食情况和哺乳情况，及时发现问题并及时处理。临产前用无刺激的消毒药擦洗母猪的臀部、阴户和乳房，预防仔猪出生后吃到不干净的东西，引起下痢，时刻关注仔猪的状况。窝中较为弱小的仔猪可能吃不到奶，对于掉队者应及时寄养。

寄养原则：尽量避免寄养，不得已需要寄养时最好在出生3天内完成，因为出生3天内每窝的仔猪还没有完全固定母猪乳头。寄养仔猪时，要求代养母猪母性好、泌乳性能好，寄养仔猪放入前要与栏中仔猪混在一起一段时间才可以给代养母猪哺乳，如直接放入，有可能被母猪发现不是同窝仔猪而被咬伤，或被咬死。不要频繁寄养，频繁寄养对仔猪的生长非常不利，因为它要不断地适应新的环境和新的母猪，被母猪咬伤或咬死概率大。经常被寄养会造成仔猪到新的环境不适应，甚至吃不到奶，成僵猪，或被饿死。

四、保育舍小猪的管理

断奶小猪的断奶关是除了屠宰外最大的应激。断奶小猪离开母猪到新的环境，会经历混群、争斗。在断奶小猪进入保育舍2周以内的时间里，较容易出现因不适应环境而掉队的小猪，以及不会吃料的小猪，保育舍小猪的死亡大多数集中在这个阶段。因此，进入保育舍的断奶小猪，最好能按体重大小及公母分开饲养。

保育舍日常的工作重点应放在断奶小猪进入保育舍2周以内的小猪身上，设置适当的护理栏1～2个，及时挑出掉队、不会吃料的小猪进行特别护理。断奶2周内的小猪采用少食多餐的原则，每天喂料4～6餐，每次喂料时要让全部小猪动起来。断奶仔猪到了一个陌生环境，适应能力较差，又经过混群、争斗，都比较疲惫、嗜睡。如果是

自由采食，小猪可能一整天都没有起来吃料、喝水、排粪、排尿。一旦适应后突然采食过度，易产生消化不良、腹泻，甚至引起胃肠炎，造成不必要的死亡。同时，饲养员也不容易发现不会吃料的小猪。少食多餐的好处是保证每头小猪起来走动、吃料、喝水、排粪、排尿，让其尽快恢复精神和体力。及时发现不会吃料的小猪，挑出转到护理栏中饲喂人工奶或者水料，让其尽快学会吃料，就不会出现小猪适应环境后因饥饿暴食而引起消化不良、腹泻、死亡的情况。

保育舍小猪也是免疫接种较频繁的阶段，应激反应较大。为了尽量减少疫苗注射带来的应激反应，我们要把每栏小猪围到一个角落集中注射，不能打飞针。如果打飞针的话追着小猪打疫苗，不仅应激反应大，而且容易漏打或没有真正注射到小猪的正确部位，影响免疫效果。

及时发现掉队的小猪，挑出集中护理，对无前途的小猪及时淘汰处理。无前途的小猪往往是各种病毒的首要入侵对象，或者是各种疫病病毒的携带者及传播者。

五、育肥猪的管理

转入育肥舍的猪，每栏按大小分均匀，如大小不均，个体较小者可能在栏中处于劣势，胆小、容易掉队成为僵猪，最后只能淘汰处理，增加养殖成本。

这个阶段的猪生长速度快、长膘快,我们要尽量给猪群提供一个安静、舒适的环境。

(1)每天检查猪的采食情况、猪舍的空气质量,对栏中明显掉队的猪及时挑出集中饲喂,避免变成僵猪而被淘汰,降低养猪效益。

(2)每天检查料斗情况,如料斗是否损坏、漏料,如果出现这种情况应及时维修,以免影响猪场的利润。

(3)及时清走料斗中较湿的剩料,这些料较容易粘在料斗中结块、霉变,影响猪的采食量或导致猪摄入霉变的饲料,严重影响猪的健康和生长速度。

(4)每天仔细观察猪群,及时发现病猪并挑出治疗。如发现不及时,可能会被同栏猪攻击,甚至被咬死。

(5)每天勤巡查,发现猪群异常及时上报,以免耽误最佳处理时机。

六、各环节的转群操作规程

每次转群我们都要做好充分的准备,观察猪群状态,发现可疑、异常情况,立刻停止一切转群行为。

转群时我们必须做好以下工作:

(1)对将转入的空栏冲洗干净,消毒好。保持栏舍干爽。

(2)转群前后都要对转群通道彻底冲洗、消毒好。

（3）调整好猪的均匀度和头数。

（4）关注转群后猪群状况，发生激烈打斗要及时处理，以免造成个别猪伤残，甚至死亡。

（5）为了尽量减少转群的应激打斗，建议在下午下班前进行转群。

（6）转群完毕，及时对转出空栏进行彻底清洗、消毒。如过久污渍变干后会增加清洁难度，增加工作量。

（7）阴雨天不适合转群。

七、疫苗免疫接种规程

非洲猪瘟背景下，中小型猪场常采用低密度和封场的生产方式，引种的次数大幅减少。猪场的猪群健康度较为稳定，猪的健康水平自然会提高。疫苗接种会导致猪产生较大的应激反应，每接种一次疫苗，会使猪至少损失3~5天的增重。因此我们要根据猪场实际情况，尽可能减少疫苗的种类和疫苗接种次数，能不接种的尽量不接种，最大限度减少猪群的应激反应，使猪群更健康、生长速度更快，得到更好的经济回报。

疫苗接种前要将猪群和栏舍冲洗干净、彻底消毒。如果栏舍和猪身不干净，很容易因疫苗接种引起局部感染、肿块，甚至化脓、溃烂，影响疫苗的免疫效果，个别情况还会影响生长速度，甚至做淘汰处理。

为减少猪群应激反应，应减少疫苗接种次数和人与猪的直接接触次数，建议使用有效的二联苗或者多价苗。疫苗注射时要把猪围到一个角落处集中注射，不能打飞针。免疫接种时，每栏必须更换一次针头，预防交叉感染。

八、猪场的消毒措施

消毒措施是生物安全措施的重要一环，消毒工作做好了，能有效降低猪场环境的病毒量，降低猪群的感染率，猪场的安全性就大大提高了，真正做到防患于未然。

1. 外围环境的消毒

（1）办公室、生活区、仓库，每天要搞好卫生、保持整洁。

（2）进入生产区的更衣室，每天要搞好卫生、做好消毒工作。

（3）巡视猪舍周围环境及时清除杂草，每周消毒1次。

（4）饭堂每天消毒1次，没有特殊情况，任何无关人员都不能进入饭堂的工作间。

2. 猪舍内的消毒

（1）每次出现空栏情况都要彻底冲洗、消毒。

(2)生产一线员工每次进出猪舍都要更换鞋和洗手。

(3)不要带猪消毒,以免导致猪群应激和增加猪舍的湿度,对猪的健康不利。

(4)各栋猪舍门口的消毒池或消毒盘中的消毒药,隔天更换1次。

九、除四害工作

四害是指苍蝇、蚊子、老鼠、蟑螂。这些动物是疫病机械性传播的媒介。四害之中,老鼠的防治工作是最头疼的。它狡猾、警觉性高、繁殖能力强,对猪场的破坏力强,还消耗大量的饲料(老鼠每天的摄入量是其体重的20%左右)。

灭鼠工作我们可以请专业的公司来完成,也可以自己完成,方法是外购慢性鼠饵直接投放,或者外购慢性灭鼠药用饲料配制。配制时最好能混入花生油或猪油,使配制好的灭鼠药变得更香,更能吸引老鼠进食。每天下午临下班时,在猪舍周围和猪舍内同时投放,连续投放3天。投放灭鼠药时要注意,猪舍周围要投放到鼠路和墙边,猪舍内要投放到走廊的两边。如果猪舍有天花板,也要投放灭鼠药。每天检查老鼠对灭鼠药的消耗情况,视情况增减灭鼠药,连续投放3天,根据实际情况,每个月或每个季度灭鼠1次。

除四害，我们要做好以下的工作：

（1）定期把猪场周围的杂草清除干净，使它们没有藏身之地。

（2）不留任何死角和任何积水的地方。如有积水的地方，要及时将其填平，把水沟、粪沟封好，使他们没有可繁殖、滋生的环境。

（3）搞好猪舍内的清洁卫生，猪舍内保持较为干爽的环境，及时清走被猪弄湿的饲料，否则容易招惹苍蝇。通道如有积水或猪的粪尿也要及时清走。

（4）猪舍内苍蝇较多时，可挂苍蝇贴、撒苍蝇药，也可以直接用合法合规的有机磷制剂来喷杀。喷杀时注意喷杀药的配制浓度，以免浓度过高引起猪的中毒。

（5）猪舍内蚊子较多时，可以用畜用蚊香熏，效果不错，也可以用合法合规的有机磷制剂来喷杀。

第五章
粪污处理和病死猪的处理

一、粪污处理

中小型猪场大多对粪污处理不太重视,很少是雨污分离的,排粪沟多为明沟,猪场不仅气味较浓,并且容易滋生蚊子、苍蝇,对猪场的防疫很不利。一些猪场更随意,把猪粪尿直接排到鱼塘。这是环保部门明文规定禁止的,会收到环保部门下达的限期整改通知书,甚至被直接关停处罚。因此,猪场要对排粪沟进行改造,在原来的基础上用水泥板或者瓷砖盖严实,使之变成暗渠(图18、图19)。猪粪尿经排粪沟到集粪池集中,再进入沼气池,或进行干湿分离。粪水进入沼气池,粪渣打包销售,作肥料用。集粪池上面也要盖严实。

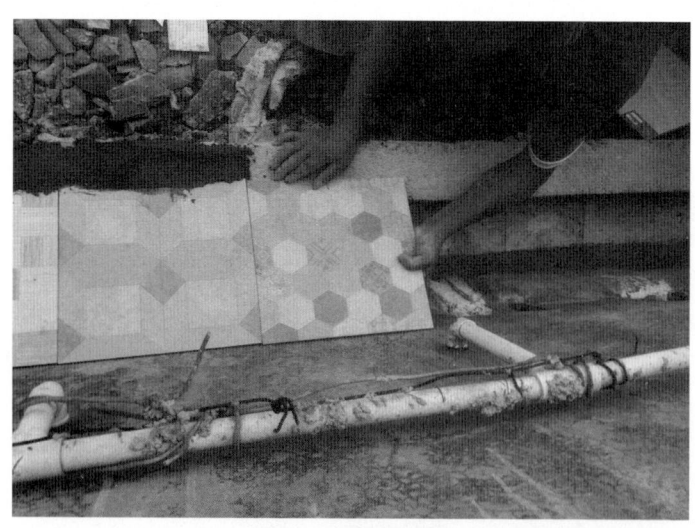

图18 改造排粪沟

另外，要改造猪场实现雨污分离，以免加重沼气池的负担。这样不仅能减少猪场的气味，蚊虫也没有藏身之地、滋生之处。猪场的苍蝇、蚊虫明显减少，猪群免受蚊虫骚扰之苦。改造后还能避免猪舍外的老鼠通过粪沟进入猪舍，降低疫病发生和传播的风险，猪群更健康。

图19　改造后的猪舍和排粪沟

二、病死猪的处理

猪场几乎都有母猪产下的胎盘、少部分死胎、产房或其他环节死亡的猪，这些都是要处理的，我们不能简单深埋处理。如果埋得不深，不仅有臭味，对猪场的防疫也不利，很多时候会招惹苍蝇或其他动物，可能会对猪场带来疫病传播的风险（图20）。

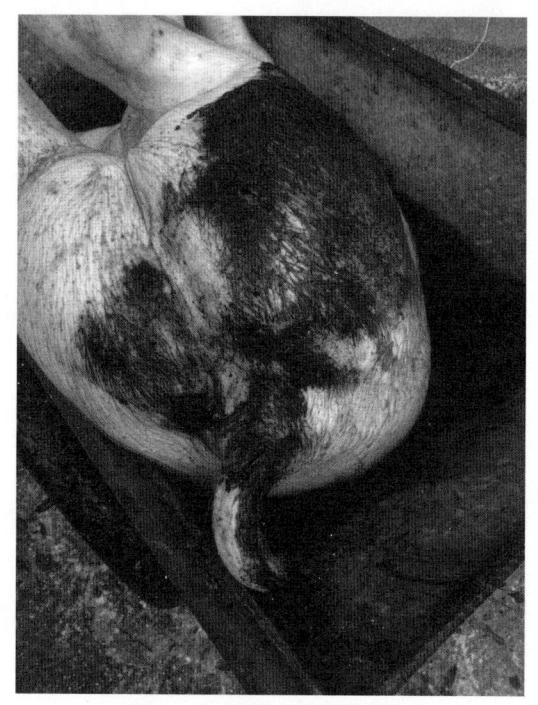

图20　不规范的病死猪处理

正常情况下，猪场要设置两个蓄尸池，一个平时处理死猪和母猪产下的副产品，另一个作为储备和应急使用。每次把死猪等丢入蓄尸池后，撒入一些烧碱或石灰粉，把盖子封好后，周围也同时撒上石灰粉，防止因密封不好而臭味外泄招惹苍蝇。每次处理必须在完成工作临下班时进行，完成后，直接到更衣室更换衣物、淋浴后下班，同时用消毒药水浸泡衣服。处理死猪后，不能再进入猪舍。

第六章
出猪台和出猪管理

非洲猪瘟背景下，出猪台和出猪管理显得更加重要，因为非洲猪瘟病毒有可能通过前来装猪的运输车辆传入猪场，例如运输车辆可能把带有病毒的虫媒带入猪场。很多时候，猪场发生非洲猪瘟疫情都是出猪管理不严引起的。

一、出猪台的管理

出猪台分场内出猪台和中转出猪台，中转出猪台要在离猪场500～1 000米处建立。建中转出猪台的地方要有一定的坡度，下端是外来车辆的装猪台，上端为中转车辆的卸猪台，它们之间至少相隔30米，杜绝污水倒流到中转卸猪台的地面（图21、图22）。两个地方的地面都要硬底化，方便冲洗、消毒。下端建立一个化粪池，处理每次卖完猪之后冲洗地面产生的污水。中转车辆的司机、在中转出猪台协助过磅称重和赶猪上车的工作人员，每次卖完猪后不得返回场内，以降低非洲猪瘟传播的风险。

图21　建好的中转出猪台

图22　正在使用的中转出猪台

中小型猪场的资金有限，如果另外配备专门的中转车辆、司机和出猪人员的话，这是一笔较大的支出。而每年出猪的头数和次数并不是很多，这笔支出的使用效率不高。为了节省猪场成本，降低疫病传播风险，可以采用以下方法。

（1）中转车辆的管理。与附近适合猪场中转猪用的车辆的车主协商签合约，租用他的车辆作为中转运输车用，每次出猪提早通知车主，做好车辆的冲洗、消毒工作，提早到位。规定车辆平时不得用于其他动物运输，严禁到其他猪场服务。每次完成中转运输后，人员在中转出猪台处冲洗、消毒，自行回家。具体费用协商确定，最好按次支付。

（2）中转出猪台的人员配备及管理。在附近的村庄，通过村委会找有责任心、刻苦耐劳的村民作为中转出猪台的工作人员，具体人数视猪场实际情况而定。每次出猪，一部分人员负责驱赶中转车的猪下车，另一部分人员协助过磅称重并驱赶猪上外来装猪的车辆，他们之间不能交叉。具体劳务费用协商确定。场内安排专门人员负责卖猪过磅称重和转账收款，严禁收取现金，并负责安排中转出猪台的人员工作和监督其完成情况，切实执行中转出猪台的各项工作，特别是卖完猪后的冲洗、消毒工作，完成后自行回家或者到酒店，淋浴、更换衣物、隔离48小时后方可回场。这样操作的好处是不仅节约了一大笔支出，更重要的是降低了非洲猪瘟在卖猪时通过人车传播的风险。

二、出猪管理

猪场每一次卖猪都有一定的风险，要合理安排卖猪计划，不能过于频繁，做好卖猪前后的各项工作，不得马虎了事。

（1）下雨天不要安排卖猪。

（2）每次卖猪要一次性把所卖的猪全部驱赶出猪舍外通道，不得反复进出猪舍驱赶。

（3）卖猪时不得每栏挑猪卖，而是整栏赶出来卖，因此每次卖猪要合理安排好卖猪的头数。

（4）卖猪前把卖猪通道和出猪台用消毒药水冲洗一遍，卖猪过程中猪排出的粪便才不易粘牢，便于赶完猪后冲洗、消毒。

（5）场内工作人员赶猪上中转车时，不得踏入中转车。

（6）卖猪后及时把出猪通道及出猪台清洗干净，消毒好。如果时间过久容易招惹苍蝇，增加疫病传播风险。

（7）卖猪后，工作人员不得返回猪舍。

（8）完成卖猪的各项工作后，员工在更衣室淋浴、更换衣物，把衣服放到消毒水中浸泡后下班。因此，卖猪前要合理安排好工作，避免分工混乱。

第七章
防控应急预案和措施

非洲猪瘟是一种高度接触性传染病,如果生物安全各种措施做得到位,它是不容易传入猪场的,所谓百密一疏,一旦传入,如不及早发现、及时清除处理,后果很严重。中小型猪场由于条件限制,人员配备少,很难配备专门的实验室、专门的检测设备和定期对猪群进行采样监测的实验室人员,如果这么做会大幅增加猪场的生产成本,是不现实的。只有让员工掌握如何识别非洲猪瘟发病初期病猪在临床上的表现,及时采样送检才是上策。因此,我们要培训员工如何发现、识别非洲猪瘟病例,及时报告。制订和演练应急预案就显得很重要,否则一旦有事就手忙脚乱,造成疫情扩散。

一、员 工 培 训

猪场发生非洲猪瘟疫情后能否定点清除,也就是说"拔牙"能否成功,很大程度取决于第一、第二例病猪是否被及早发现、确诊,快速做出处理。如果临床上已有病死猪出现时才发现确诊,清除工作就困难得多,损失也大。如何发现非洲猪瘟可疑病猪?员工日常要做好以下工作。

(1)勤观察、勤检查。留意猪的采食量是否下降,是否有皮肤潮红的猪,是否有独居一角的猪等。

(2)料槽每天都要有空料的时间,每次投料时观察是否有不吃料的猪。

（3）非洲猪瘟早期的临床表现如下。肉猪：某一个栏猪的采食量突然下降，部分猪嗜睡，不愿起来走动，个别猪皮肤潮红，体温40～42℃；抗生素混合退烧药注射治疗，体温不下降，个别猪体温可能下降到正常值，但仍不吃料，有时会出现注射部位的针孔流血不止。种猪：嗜睡，不愿起来，厌食，个别猪皮肤潮红，体温40～42℃；抗生素混合退烧药注射治疗无效，个别猪体温可能降到正常，就算采食正常，基本上3天内死亡。如果猪群出现这些情况，可以初步判断猪群感染了非洲猪瘟病毒。我们应该立刻采样送检、确诊，最好同时把采样的同栏猪全部做紧急淘汰处理，以防万一。

二、感染非洲猪瘟时的处理方法

一旦采样送检得到确诊，猪场要第一时间做好紧急转群措施。紧急转群措施是准备好在一个月左右要产仔的母猪的产栏数，冲洗、消毒好，尽快把产前一个月左右的重胎母猪赶到产房，这样全场猪群就可以进入静止状态，也就是说各个环节的猪在一个月内不用转群。人员完全固定下来，最大限度减少了猪群的应激反应和感染。如果首先在重胎母猪群发现确诊，这项工作禁止开展。

1. 处理原则

一旦确诊，应该如何应对？处理的原则是：猪场停止一切操

作、人员固定、单向流动，对感染的猪群采取（早、快、严、小、狠）的原则，及时处理，避免疫情在猪场内扩散和交叉感染。搞好猪舍内清洁卫生，尽可能保持猪舍内环境干爽。

停止一切操作具体如下：

（1）停止公猪采精，母猪配种，仔猪断奶。

（2）停止任何转群行为。

（3）产房停止接产、阉割、断奶等行为。

（4）全场停止任何疫苗注射。

（5）任何环节员工都不得直接接触猪。

（6）人员固定在各环节，不得串舍。

（7）更衣室分暂定健康猪群的工作人员通道和非健康猪群的工作人员通道，并固定出入线路，不得交叉。

（8）每天对猪场外环境如办公室、生活区消毒1次。

（9）各栋猪舍包括病猪舍严禁用消毒药水消毒，避免室内湿度过大，加快传播速度，并且带猪消毒会导致猪产生应激反应，可用干粉消毒药对通道走廊进行喷洒。

2. 紧急处理方法

一旦诊断证实，如何紧急处理？

（1）设定固定线路、固定人员，处理前要准备好更换的衣服、鞋，对通道撒干粉消毒药或生石灰，防止猪粪便等排泄物招惹苍蝇，最好一边处理一边清理粪便。

（2）处理完后对通道撒干粉消毒药或生石灰。原地把衣服、鞋更换后，用消毒药浸泡，或者用密封袋装好，消毒好，到指定地方焚烧。

（3）其他人员严禁通过或行走其通道。处理完后的固定人员做好自身消毒，到更衣室淋浴后方可回到生活区。

3. 非洲猪瘟感染区员工每天的工作重点

（1）保持猪舍通道干爽。

（2）每栏猪分餐饲喂，每次喂料观察猪群状况，发现不吃料的猪立即上报，及时处理。

（3）处理过程中，先用干粉、消毒药撒通道，并做好与其他栏猪的隔离工作，避免赶猪过程中待处理的猪与其他栏的猪接触而交叉感染，对病猪一定要原地处死后，方可运出处理。处死病猪的方法可以用电击或者直接注射法定可以使用的有机磷制剂，注射量根据个体体重而定。

（4）处理后对空栏不能用水直接冲洗，因为冲洗时水有可能溅到周边猪群，引发传播风险，可以直接泼洒2%的烧碱石灰水或干粉消毒药。